25 ANIMALES DE LA SABANA

para pequeñas mentes inquietas

Nil Bassa

Copyright © 2024 NIL BASSA

All rights reserved

The characters and events portrayed in this book are fictitious. Any similarity to real persons, living or dead, is coincidental and not intended by the author.

No part of this book may be reproduced, or stored in a retrieval system, or transmitted in any form or by any means, electronic, mechanical, photocopying, recording, or otherwise, without express written permission of the publisher.

CONTENTS

Title Page
Copyright
Introducción   1
El León: La Nobleza Encarnada de la Sabana   3
El Elefante: La Majestuosidad en Movimiento de la Sabana   7
La Jirafa: La Elegancia Erguida de la Sabana   11
El Rinoceronte: La Fortaleza Blindada de la Sabana   15
El Hipopótamo: El Gigante Acuático de la Sabana   19
El Guepardo: La Velocidad Encarnada de la Sabana   23
El Ñu: La Migración en Masa de la Sabana   27
El Impala: La Gracia Veloz de la Sabana   31
La Cebra: La Elegancia Rayada de la Sabana   35
La Hiena: La Risueña Cazadora de la Sabana   39
La Fosa: La Depredadora Suprema de Madagascar   43
El Búfalo: La Fuerza Indomable de la Sabana   47
El Antílope: La Elegancia Ágil de la Sabana   51
El Oryx: La Elegancia del Desierto Africano   55
El Topi: La Elegancia Veloz de la Sabana   59

La Mangosta: La Valiente Defensora de la Sabana	63
El Suricata: El Guardián Cauteloso de la Sabana	67
El Avestruz: El Gigante Veloz de la Sabana	71
El Puercoespín: El Guardián Esquivo de la Sabana	75
El Cocodrilo: El Rey Sigiloso de los Ríos Africanos	79
El Flamenco: El Bailarín Elegante de los Humedales Africanos	83
La Grulla Coronada: La Elegancia Real de las Llanuras Africanas	87
El Marabú: El Vigilante Imperturbable de las Llanuras Africanas	91
El Vervet: El Juguetón Mono Verde de las Sabanas Africanas	95
El Pato del Nilo: La Belleza Acuática de los Humedales Africanos	99
Fin del viaje	103

INTRODUCCIÓN

Bienvenidos a un viaje emocionante a través de las vastas llanuras y exuberantes paisajes de la sabana africana, un mundo lleno de maravillas naturales y criaturas fascinantes que capturan la imaginación y despiertan la curiosidad de pequeñas mentes inquietas.

En estas páginas, exploraremos la rica diversidad de vida que habita en este extraordinario ecosistema, desde majestuosos leones hasta elegantes jirafas, desde ágiles guepardos hasta curiosos suricatas. Cada animal que encontrarás en este libro tiene su propia historia que contar, su propio papel vital en el delicado equilibrio de la naturaleza africana.

Acompañados por vívidas descripciones y sorprendentes curiosidades, descubriremos los secretos de estos animales, desde sus fascinantes comportamientos sociales hasta sus increíbles adaptaciones para la supervivencia en un entorno tan desafiante como la sabana. Desde los imponentes elefantes hasta los ágiles antílopes, cada página te llevará más cerca de la magia y la belleza de la vida salvaje africana.

Este libro está diseñado para despertar la curiosidad, fomentar el amor por la naturaleza y alimentar la pasión por el aprendizaje en los jóvenes exploradores. A medida que nos sumerjamos en las historias de estos 25 animales increíbles, esperamos inspirar un sentido de asombro y admiración por el mundo natural que nos rodea.

¡Prepárate para embarcarte en una emocionante aventura a través de la sabana africana y descubrir el increíble mundo de sus habitantes más extraordinarios!

EL LEÓN: LA NOBLEZA ENCARNADA DE LA SABANA

Imagina un ser que emana poder y nobleza, una criatura cuyo rugido resuena como un eco de la grandeza de la naturaleza. Eso, mis amigos, es el león. Este magnífico felino africano ha conquistado muchos corazones, no solo por su imponente presencia sino también por su papel como líder indiscutible de la sabana.

Lo que lo Hace Único:

¿Qué hace que el león sea tan especial? En primer lugar, su estatus como el único felino social verdadero, viviendo en manadas que son lideradas por poderosos machos. A diferencia de otros grandes felinos solitarios, el león demuestra una compleja estructura social que despierta admiración y fascinación.

Descripción del León:

Miremos más de cerca a este soberano de la sabana. El león posee una melena majestuosa que lo distingue entre los demás animales, otorgándole una presencia imponente y regia. Su pelaje dorado y sus poderosas garras reflejan su fuerza y destreza como cazador supremo. Con su mirada penetrante y su porte noble, el león personifica la elegancia salvaje.

Hábitat Natural:

El león se encuentra en su elemento en las vastas llanuras de la sabana africana, donde las praderas ondulantes y los árboles dispersos ofrecen el escenario perfecto para sus cacerías y descansos bajo el sol africano. Estos depredadores majestuosos son ágiles y adaptables, capaces de prosperar en diversos entornos dentro de su hábitat.

Alimentación del León:

A pesar de su imponente figura, el león es un cazador cooperativo que depende de la colaboración de su manada para asegurar su comida. Su dieta se compone principalmente de grandes mamíferos como ñus, cebras y antílopes, siendo la caza una actividad crucial para su supervivencia en la sabana.

Vida Social:

En cuanto a su vida social, el león es un líder carismático que guía a su manada con autoridad y sabiduría. Las relaciones dentro de la manada son complejas y se basan en la cooperación y el apoyo mutuo, especialmente durante la caza y la protección de territorio.

Estado de Conservación:

Aunque el león ha sido históricamente considerado como el rey de la selva, en la actualidad enfrenta numerosas amenazas que ponen en peligro su supervivencia. La pérdida de hábitat, la caza furtiva y los conflictos con humanos son algunos de los desafíos que enfrentan estos magníficos felinos, lo que ha llevado a su clasificación como una especie vulnerable.

5 Curiosidades Sorprendentes:

1. Rugido Potente: El rugido del león puede escucharse a varios kilómetros de distancia, comunicando su presencia y estableciendo su dominio sobre su territorio.
2. Melena Distintiva: La longitud y coloración de la melena de un león pueden indicar su edad y estado de salud, siendo un rasgo distintivo de su belleza y fortaleza.
3. Cazador Nocturno: Aunque son capaces de cazar durante el día, los leones son más activos durante la noche, aprovechando la oscuridad para acechar a sus presas con sigilo.
4. Cuidado Paterno: A diferencia de otros felinos, los machos leones participan activamente en la protección y crianza de las crías, demostrando un fuerte lazo familiar

dentro de la manada.

5. Resiliencia Cultural: El león ha sido un símbolo de poder y nobleza en diversas culturas africanas y en todo el mundo, inspirando historias, mitos y obras de arte a lo largo de la historia.

EL ELEFANTE: LA MAJESTUOSIDAD EN MOVIMIENTO DE LA SABANA

Imagina una criatura cuya presencia es imponente, cuya fuerza es legendaria y cuya ternura es conmovedora. Eso, mis amigos, es el elefante. Este gigante gentil de la sabana africana ha cautivado a muchos con su imponente figura y su comportamiento sorprendentemente tierno.

Lo que lo Hace Único:

¿Qué hace que el elefante sea tan especial? En primer lugar, su increíble inteligencia y complejidad emocional. Los elefantes son conocidos por sus fuertes lazos familiares y su capacidad para comunicarse entre sí de manera sofisticada, mostrando una gama de emociones que rivaliza con las de los seres humanos.

Descripción del Elefante:

Miremos más de cerca a este coloso de la sabana. El elefante posee un cuerpo imponente, coronado por dos colmillos enormes que son símbolos de su poder y majestad. Su piel rugosa y arrugada es como un mapa de su vida, marcada por cicatrices y experiencias que le otorgan una belleza única y una historia que contar.

Hábitat Natural:

El elefante se encuentra en su elemento en las vastas llanuras y bosques de la sabana africana, donde puede moverse libremente en busca de comida y agua. Estos animales migran en busca de recursos estacionales, adaptándose a los cambios en su entorno con habilidad y determinación.

Alimentación del Elefante:

A pesar de su tamaño, el elefante es un herbívoro gentil que se alimenta principalmente de hierba, hojas, ramas y frutas. Su poderosa trompa le permite alcanzar alimentos en lo alto de los árboles y recoger objetos del suelo con destreza, mostrando una habilidad impresionante para sobrevivir en su entorno.

Vida Social:

En cuanto a su vida social, el elefante es un ser profundamente social que forma lazos familiares fuertes y duraderos. Las manadas de elefantes están lideradas por una hembra mayor, conocida como matriarca, quien guía y protege a su familia con sabiduría y determinación.

Estado de Conservación:

Aunque el elefante ha sido venerado en muchas culturas y ha sido objeto de admiración y respeto, en la actualidad enfrenta numerosas amenazas que ponen en peligro su supervivencia. La caza furtiva por marfil, la pérdida de hábitat y los conflictos con humanos son algunas de las principales preocupaciones para la conservación de estos magníficos animales.

5 Curiosidades Sorprendentes:

1. Memoria Asombrosa: Los elefantes tienen una memoria increíble que les permite recordar lugares, personas y experiencias durante décadas, lo que les ayuda a sobrevivir en su entorno cambiante.
2. Comunicación Sutil: Los elefantes se comunican entre sí a través de una variedad de vocalizaciones, gestos y señales químicas, mostrando una complejidad en su comunicación que revela una comprensión profunda de su entorno.
3. Cuidado Maternal: Las hembras elefante son madres devotas que cuidan y protegen a sus crías con amor y dedicación, enseñándoles las habilidades necesarias para sobrevivir en la sabana africana.
4. Ingenio en Acción: Los elefantes son animales

increíblemente ingeniosos que han demostrado habilidades sorprendentes, como el uso de herramientas improvisadas y la resolución de problemas en situaciones difíciles.

5. Importancia Cultural: Los elefantes han sido venerados en muchas culturas africanas como símbolos de poder, sabiduría y protección, inspirando mitos, leyendas y tradiciones a lo largo de la historia.

LA JIRAFA: LA ELEGANCIA ERGUIDA DE LA SABANA

Imagina una criatura que desafía la gravedad con su cuello erguido, cuya silueta se recorta majestuosamente contra el horizonte africano. Eso, mis amigos, es la jirafa. Este gigante gentil de la sabana africana ha conquistado a muchos con su gracia y su imponente presencia.

Lo que la Hace Única:

¿Qué hace que la jirafa sea tan especial? En primer lugar, su asombrosa altura, que la convierte en el animal terrestre más alto del mundo. Con un cuello largo y esbelto que parece desafiar la lógica, la jirafa es una obra maestra de la evolución y un símbolo de la grandeza de la naturaleza.

Descripción de la Jirafa:

Miremos más de cerca a esta elegante criatura. La jirafa posee un cuello largo y flexible que le permite alcanzar las hojas más altas de los árboles, su fuente principal de alimento. Su pelaje moteado y su mirada serena la convierten en una de las criaturas más hermosas y reconocibles de la sabana africana.

Hábitat Natural:

La jirafa se encuentra en su elemento en las extensas llanuras y sabanas arbustivas de África, donde los árboles dispersos ofrecen el escenario perfecto para su estilo de vida nómada. Estos animales migran en busca de comida y agua, adaptándose a los cambios estacionales con gracia y determinación.

Alimentación de la Jirafa:

A pesar de su altura impresionante, la jirafa es un herbívoro gentil que se alimenta principalmente de hojas, brotes y frutas de los árboles. Su lengua larga y prensil le permite arrancar las hojas de los árboles con facilidad, mostrando una habilidad impresionante para obtener comida en su entorno elevado.

Vida Social:

En cuanto a su vida social, la jirafa es un animal tranquilo y pacífico que prefiere la compañía de su propia especie. Las manadas de jirafas suelen ser pequeñas y flexibles, formadas por individuos que comparten la misma zona de pastoreo y se ayudan mutuamente en la búsqueda de comida y la protección contra depredadores.

Estado de Conservación:

Aunque la jirafa ha sido venerada en muchas culturas africanas como un símbolo de gracia y elegancia, en la actualidad enfrenta numerosas amenazas que ponen en peligro su supervivencia. La pérdida de hábitat, la caza furtiva y los conflictos con humanos son algunas de las principales preocupaciones para la conservación de estas magníficas criaturas.

5 Curiosidades Sorprendentes:

1. Corazón Gigante: La jirafa tiene un corazón extraordinariamente grande, que puede llegar a pesar hasta 11 kilogramos, lo que le permite bombear sangre a su cuerpo a través de su cuello largo.
2. Vista Poderosa: Con ojos grandes y bien desarrollados, la jirafa tiene una vista excepcional que le permite detectar depredadores a larga distancia, ayudándola a mantenerse alerta en su entorno.
3. Parto en Posición Vertical: Las jirafas dan a luz a sus crías mientras están de pie, lo que significa que los recién nacidos tienen que enfrentarse a una caída de más de dos metros al nacer, fortaleciéndolos rápidamente para enfrentar los desafíos de la vida en la sabana.
4. Marcha Elegante: A pesar de su gran tamaño, la jirafa

puede correr a una velocidad de hasta 60 kilómetros por hora en ráfagas cortas, mostrando una gracia y agilidad impresionantes para su tamaño.

5. Silenciosas Comunicadoras: Aunque las jirafas no emiten sonidos vocales con frecuencia, se comunican entre sí a través de una variedad de posturas corporales y gestos, mostrando una forma única de lenguaje no verbal.

EL RINOCERONTE: LA FORTALEZA BLINDADA DE LA SABANA

Imagina una criatura cuya silueta imponente corta el horizonte, cuya piel rugosa y gruesa la hace parecer una fortaleza andante. Eso, mis amigos, es el rinoceronte. Este coloso de la sabana africana ha cautivado a muchos con su presencia dominante y su carácter indomable.

Lo que lo Hace Único:

¿Qué hace que el rinoceronte sea tan especial? En primer lugar, su armadura natural, una piel gruesa y arrugada que lo protege de los peligros del entorno. Además, sus poderosos cuernos, símbolos de fuerza y poder, lo convierten en una de las criaturas más temidas y respetadas de la sabana.

Descripción del Rinoceronte:

Miremos más de cerca a esta formidable criatura. El rinoceronte posee un cuerpo macizo y musculoso, coronado por uno o dos cuernos afilados que pueden alcanzar hasta un metro de longitud. Su piel rugosa y grisácea está cubierta de pliegues y arrugas, otorgándole una apariencia intimidante y resistente.

Hábitat Natural:

El rinoceronte se encuentra en su elemento en las extensas llanuras y bosques de la sabana africana, donde puede moverse con facilidad en busca de comida y agua. Estos animales prefieren los lugares con agua cercana, donde pueden refrescarse y protegerse del calor del sol africano.

Alimentación del Rinoceronte:

A pesar de su apariencia imponente, el rinoceronte es un herbívoro pacífico que se alimenta principalmente de hierbas, hojas, ramas y frutas. Su boca ancha y poderosa le permite arrancar grandes bocados de vegetación, mostrando una fuerza impresionante en su búsqueda de alimento.

Vida Social:

En cuanto a su vida social, el rinoceronte es un solitario tranquilo que prefiere la compañía de su propia especie solo en ciertas ocasiones, como durante la época de apareamiento o cuando hay fuentes de comida o agua limitadas. Fuera de esas ocasiones, los rinocerontes tienden a ser solitarios y territoriales, marcando su territorio con excrementos y señales químicas.

Estado de Conservación:

Aunque el rinoceronte ha sido venerado en muchas culturas africanas como un símbolo de fuerza y resistencia, en la actualidad enfrenta numerosas amenazas que ponen en peligro su supervivencia. La caza furtiva por sus cuernos, la pérdida de hábitat y los conflictos con humanos son algunas de las principales preocupaciones para la conservación de estos magníficos animales.

5 Curiosidades Sorprendentes:

1. Piel Sensible: Aunque la piel del rinoceronte parece dura y gruesa, en realidad es muy sensible y vulnerable a las quemaduras solares y las picaduras de insectos, por lo que se cubren de lodo para protegerse.
2. Visión Limitada: A pesar de tener ojos grandes, los rinocerontes tienen una visión relativamente pobre y dependen principalmente de su sentido del olfato y del oído para detectar peligros en su entorno.
3. Natación Sorprendente: A pesar de su tamaño y su apariencia tosca, los rinocerontes son nadadores competentes y no dudan en cruzar ríos y arroyos en busca de comida o refugio.
4. Herencia de Cuernos: Los rinocerontes son conocidos

por sus cuernos impresionantes, pero ¿sabías que estos cuernos están hechos de queratina, la misma sustancia que compone nuestras uñas y cabello?

5. Relaciones Intrigantes: Aunque los rinocerontes tienden a ser solitarios, ocasionalmente se reúnen en grupos llamados "grupos de rinocerontes", que pueden incluir individuos de diferentes edades y sexos, mostrando una dinámica social interesante.

EL HIPOPÓTAMO: EL GIGANTE ACUÁTICO DE LA SABANA

Imagina una criatura cuyo cuerpo macizo emerge majestuosamente de las aguas africanas, cuya apariencia tranquila esconde una fuerza formidable. Eso, mis amigos, es el hipopótamo. Este coloso acuático de la sabana africana ha fascinado a muchos con su presencia imponente y su comportamiento intrigante.

Lo que lo Hace Único:

¿Qué hace que el hipopótamo sea tan especial? En primer lugar, su naturaleza semiacuática, pasando la mayor parte de su tiempo en el agua para mantenerse fresco y proteger su piel sensible del sol africano. Además, su agresividad territorial y su reputación como uno de los animales más peligrosos de África lo convierten en una figura temida y respetada.

Descripción del Hipopótamo:

Miremos más de cerca a este gigante de las aguas. El hipopótamo posee un cuerpo masivo y redondeado, coronado por una cabeza grande y ancha que alberga una boca formidable llena de colmillos afilados. Su piel gruesa y arrugada, de color gris oscuro, está diseñada para protegerlo de los rayos del sol y los ataques de depredadores.

Hábitat Natural:

El hipopótamo se encuentra en su elemento en los ríos, lagos y pantanos de la sabana africana, donde puede encontrar alimento y refugio en un entorno acuático. Estos animales son excelentes nadadores y pueden sumergirse bajo el agua durante largos períodos de tiempo, mostrando una adaptación impresionante a su hábitat.

Alimentación del Hipopótamo:

A pesar de su apariencia tosca, el hipopótamo es un herbívoro pacífico que se alimenta principalmente de hierba y vegetación acuática. Su mandíbula poderosa y sus dientes afilados le permiten arrancar grandes bocados de plantas, mostrando una fuerza impresionante en su búsqueda de alimento.

Vida Social:

En cuanto a su vida social, el hipopótamo es un animal territorial que defiende agresivamente su territorio de intrusos y competidores. Aunque a menudo se les ve solos o en parejas, los hipopótamos también pueden formar grupos sociales más grandes, especialmente durante la temporada de cría.

Estado de Conservación:

Aunque el hipopótamo ha sido objeto de admiración y respeto en muchas culturas africanas, en la actualidad enfrenta numerosas amenazas que ponen en peligro su supervivencia. La pérdida de hábitat, la caza furtiva y los conflictos con humanos son algunas de las principales preocupaciones para la conservación de estos magníficos animales.

5 Curiosidades Sorprendentes:

1. Nadadores Expertos: A pesar de su tamaño, los hipopótamos son nadadores ágiles y rápidos, capaces de moverse con facilidad en el agua y sumergirse bajo la superficie para buscar alimento o escapar de los depredadores.
2. Protección Familiar: Aunque son solitarios por naturaleza, los hipopótamos son muy protectores con sus crías y forman fuertes lazos familiares que pueden durar toda la vida.
3. Comunicación Vocal: Aunque son conocidos por sus gruñidos y resoplidos, los hipopótamos también pueden comunicarse entre sí a través de una variedad de vocalizaciones que van desde gruñidos suaves hasta

rugidos poderosos.

4. Baños de Barro: Los hipopótamos se cubren de barro para proteger su piel del sol y los parásitos, mostrando una adaptación inteligente a su entorno acuático y caluroso.

5. Relaciones Territoriales: Los hipopótamos marcan su territorio con excrementos y señales químicas, mostrando una agresividad territorial que es crucial para establecer su dominio en un entorno competitivo.

EL GUEPARDO: LA VELOCIDAD ENCARNADA DE LA SABANA

Imagina una criatura cuya silueta esbelta se desliza velozmente a través de la sabana africana, cuya agilidad y elegancia son la envidia de todos los demás animales. Eso, mis amigos, es el guepardo. Este depredador supremo ha cautivado a muchos con su velocidad y gracia incomparables.

Lo que lo Hace Único:

¿Qué hace que el guepardo sea tan especial? En primer lugar, su título como el animal terrestre más rápido del mundo, capaz de alcanzar velocidades de hasta 100 kilómetros por hora en carreras cortas y explosivas. Además, su cuerpo aerodinámico y sus patas largas lo convierten en un maestro de la caza rápida y letal.

Descripción del Guepardo:

Miremos más de cerca a este corredor supremo. El guepardo posee un cuerpo esbelto y musculoso, coronado por una cabeza pequeña y redondeada que alberga ojos agudos y una boca llena de dientes afilados. Su pelaje dorado y moteado, combinado con sus rasgos distintivos, lo convierten en una de las criaturas más hermosas y ágiles de la sabana.

Hábitat Natural:

El guepardo se encuentra en su elemento en las llanuras abiertas y semiáridas de la sabana africana, donde puede aprovechar al máximo su velocidad y agilidad en la caza. Estos depredadores supremos son más activos durante el día, aprovechando la luz del sol para acechar a sus presas con sigilo y precisión.

Alimentación del Guepardo:

A pesar de su velocidad impresionante, el guepardo es un cazador oportunista que se alimenta principalmente de animales más pequeños como gacelas, impalas y liebres. Su técnica de caza consiste en acechar a sus presas a corta distancia y luego lanzarse en una carrera explosiva para atraparlas con sus garras afiladas y su mordida mortal.

Vida Social:

En cuanto a su vida social, el guepardo es principalmente solitario, prefiriendo cazar y vivir en solitario la mayor parte del tiempo. Sin embargo, las madres guepardo pueden criar y cuidar a sus crías durante un período de tiempo limitado, enseñándoles las habilidades necesarias para sobrevivir en la sabana africana.

Estado de Conservación:

Aunque el guepardo ha sido venerado en muchas culturas africanas como un símbolo de velocidad y gracia, en la actualidad enfrenta numerosas amenazas que ponen en peligro su supervivencia. La pérdida de hábitat, la caza furtiva y los conflictos con humanos son algunas de las principales preocupaciones para la conservación de estos magníficos animales.

5 Curiosidades Sorprendentes:

1. Carreras Impresionantes: El guepardo puede acelerar de 0 a 100 kilómetros por hora en tan solo tres segundos, convirtiéndolo en el animal terrestre más rápido del mundo.
2. Aceleración Explosiva: Aunque pueden alcanzar velocidades increíbles, los guepardos solo pueden mantener su velocidad máxima durante distancias cortas, ya que su cuerpo se sobrecalienta rápidamente.
3. Patas Adaptadas: Las patas largas y delgadas del guepardo están diseñadas para proporcionar una zancada larga y poderosa, lo que le permite alcanzar velocidades extremas con facilidad.

4. Depredadores Oportunistas: Aunque prefieren cazar presas más pequeñas, los guepardos también pueden robar la comida de otros depredadores más grandes como leones y hienas, aprovechando su velocidad y agilidad.

5. Vulnerabilidad de Cachorros: A diferencia de otros grandes felinos, los guepardos tienen una alta tasa de mortalidad entre los cachorros, con hasta el 90% de las crías muriendo en los primeros meses de vida debido a depredadores y enfermedades.

EL ÑU: LA MIGRACIÓN EN MASA DE LA SABANA

Imagina una criatura cuya presencia en la sabana africana trae consigo un espectáculo impresionante, cuya migración en masa es una de las maravillas naturales más grandiosas del mundo. Eso, mis amigos, es el ñu. Estos majestuosos animales han cautivado a muchos con su comportamiento migratorio y su resistencia en las vastas llanuras africanas.

Lo que lo Hace Único:

¿Qué hace que el ñu sea tan especial? En primer lugar, su migración en masa, una de las más grandes del mundo animal, donde millones de ñus viajan en busca de pastos frescos y agua durante la estación seca. Además, su resistencia y capacidad para adaptarse a los rigores del viaje hacen de esta migración un espectáculo impresionante y conmovedor.

Descripción del Ñu:

Miremos más de cerca a estos viajeros incansables. El ñu posee un cuerpo robusto y musculoso, coronado por una cabeza grande y ancha que alberga ojos vivaces y orejas largas y puntiagudas. Su pelaje corto y grueso varía en coloración, desde tonos grises y pardos hasta marrones oscuros, proporcionándoles camuflaje en la vasta sabana.

Hábitat Natural:

Los ñus se encuentran en su elemento en las extensas llanuras y sabanas de África, donde pueden aprovechar al máximo los pastos frescos y las fuentes de agua durante la temporada de migración. Estos animales son nómadas por naturaleza y pueden recorrer grandes distancias en busca de recursos estacionales.

Alimentación del Ñu:

A pesar de su comportamiento migratorio, los ñus son herbívoros que se alimentan principalmente de pastos y hierbas de la sabana. Durante la migración, buscan activamente los pastizales más ricos y las fuentes de agua más abundantes, mostrando una determinación impresionante en su búsqueda de alimento y supervivencia.

Vida Social:

En cuanto a su vida social, los ñus son animales gregarios que forman manadas grandes y cohesionadas durante la migración. Estas manadas están lideradas por hembras mayores, que guían y protegen a su grupo en su viaje a través de la sabana africana.

Estado de Conservación:

Aunque los ñus han sido venerados en muchas culturas africanas como símbolos de resistencia y determinación, en la actualidad enfrentan numerosas amenazas que ponen en peligro su supervivencia. La pérdida de hábitat, la caza furtiva y los conflictos con humanos son algunas de las principales preocupaciones para la conservación de estas magníficas criaturas migratorias.

5 Curiosidades Sorprendentes:

1. Migración Épica: La migración anual de los ñus puede abarcar hasta 1,600 kilómetros, desde las llanuras del Serengeti en Tanzania hasta las praderas de Masái Mara en Kenia, en busca de pastos frescos y agua.
2. Supervivencia del más Fuerte: Durante la migración, los ñus deben enfrentarse a numerosos peligros, incluyendo depredadores como leones, cocodrilos y hienas, así como obstáculos naturales como ríos caudalosos y terrenos escarpados.
3. Nacimientos Sincronizados: Las hembras ñu suelen dar a luz al mismo tiempo, durante la temporada de lluvias, para

maximizar las posibilidades de supervivencia de sus crías y garantizar un suministro abundante de pasto fresco.

4. Comunicación Vocal: Durante la migración, los ñus emiten una variedad de vocalizaciones, incluyendo gruñidos, bramidos y resoplidos, para comunicarse entre sí y mantener la cohesión de la manada en todo momento.

5. Renovación del Ecosistema: La migración de los ñus no solo beneficia a la propia especie, sino que también tiene un impacto positivo en el ecosistema en general, al dispersar semillas y fertilizar el suelo con sus excrementos.

EL IMPALA: LA GRACIA VELOZ DE LA SABANA

Imagina una criatura cuya agilidad y gracia rivalizan con las corrientes del viento en la sabana africana, cuyo salto elegante y rápido es un espectáculo para contemplar. Eso, mis amigos, es el impala. Estos bellos antílopes han cautivado a muchos con su comportamiento ágil y su presencia encantadora en la sabana.

Lo que lo Hace Único:

¿Qué hace que el impala sea tan especial? En primer lugar, su agilidad y velocidad, que lo convierten en uno de los antílopes más ágiles de la sabana. Además, su capacidad para realizar saltos impresionantes, alcanzando alturas sorprendentes para escapar de depredadores, lo hace destacar entre los habitantes de la sabana africana.

Descripción del Impala:

Miremos más de cerca a este antílope grácil. El impala posee un cuerpo esbelto y atlético, coronado por una cabeza elegante y unos cuernos curvos que solo los machos poseen. Su pelaje marrón rojizo está adornado con marcas distintivas en el vientre y los muslos, añadiendo un toque de belleza a su apariencia ya impresionante.

Hábitat Natural:

El impala se encuentra en su elemento en las llanuras abiertas y bosques dispersos de la sabana africana, donde puede moverse con facilidad y aprovechar al máximo su agilidad y velocidad en la carrera. Estos antílopes son conocidos por su capacidad para adaptarse a una variedad de hábitats y condiciones climáticas en la sabana.

Alimentación del Impala:

A pesar de su aspecto delicado, el impala es un herbívoro resistente que se alimenta principalmente de hierbas, hojas y brotes de la sabana. Su dieta variada y su capacidad para buscar alimento en una variedad de plantas le permiten sobrevivir y prosperar en un entorno tan competitivo como la sabana africana.

Vida Social:

En cuanto a su vida social, el impala es un animal gregario que forma manadas grandes y cohesionadas durante la temporada de cría y migración. Estas manadas están compuestas por individuos de todas las edades y sexos, que se unen para buscar comida, protegerse mutuamente y enfrentar los desafíos de la vida en la sabana.

Estado de Conservación:

Aunque el impala no está actualmente en peligro de extinción, enfrenta numerosas amenazas en su hábitat natural, incluida la pérdida de hábitat, la caza furtiva y los conflictos con humanos. La conservación de estos antílopes es crucial para mantener el equilibrio ecológico de la sabana africana y proteger su diversidad biológica.

5 Curiosidades Sorprendentes:

1. Saltos Impresionantes: El impala puede saltar distancias de hasta 10 metros y alturas de hasta 3 metros en un solo salto, mostrando una agilidad y destreza impresionantes para evadir a los depredadores.
2. Estrategias de Defensa: Además de sus habilidades de salto, los impalas también pueden correr a velocidades de hasta 80 kilómetros por hora para escapar de depredadores como leones y leopardos.
3. Sistemas de Alerta: Los impalas son conocidos por su agudo sentido del oído y su capacidad para detectar peligros en su entorno, alertando a otros miembros de la manada con vocalizaciones distintivas cuando se perciben amenazas.
4. Poliginia: Durante la temporada de apareamiento, los machos impala compiten entre sí por el

derecho a reproducirse con las hembras, exhibiendo comportamientos de lucha y cortejo impresionantes para impresionar a las hembras.

5. Adaptabilidad: Los impalas son animales adaptables que pueden sobrevivir en una variedad de hábitats y condiciones climáticas, lo que les permite prosperar en una de las regiones más diversas y competitivas del mundo.

LA CEBRA: LA ELEGANCIA RAYADA DE LA SABANA

Imagina una criatura cuya silueta a rayas corta la hierba alta de la sabana africana, cuya presencia evoca un sentido de misterio y belleza en la vasta llanura. Eso, mis amigos, es la cebra. Estos magníficos equinos han cautivado a muchos con sus llamativas marcas y su gracia inigualable en la sabana.

Lo que lo Hace Único:

¿Qué hace que la cebra sea tan especial? En primer lugar, sus rayas distintivas, que sirven como camuflaje y protección contra los depredadores en su entorno natural. Además, su comportamiento social complejo y su adaptabilidad a una variedad de hábitats hacen de la cebra una de las criaturas más fascinantes de la sabana africana.

Descripción de la Cebra:

Miremos más de cerca a este equino rayado. La cebra posee un cuerpo esbelto y musculoso, coronado por una cabeza elegante y alargada que alberga ojos vivaces y orejas móviles. Su pelaje blanco y negro está decorado con rayas verticales y horizontales, creando un patrón único y reconocible en cada individuo.

Hábitat Natural:

Las cebras se encuentran en su elemento en las llanuras abiertas y praderas de la sabana africana, donde pueden aprovechar al máximo su agilidad y velocidad en la carrera. Estos equinos son conocidos por su capacidad para adaptarse a una variedad de hábitats, desde praderas hasta sabanas arboladas.

Alimentación de la Cebra:

A pesar de su aspecto impresionante, la cebra es un herbívoro tranquilo que se alimenta principalmente de pasto y vegetación de la sabana. Su dieta variada y su capacidad para buscar alimento en una variedad de plantas le permiten sobrevivir y prosperar en un entorno tan competitivo como la sabana africana.

Vida Social:

En cuanto a su vida social, las cebras son animales gregarios que forman manadas grandes y cohesionadas durante la temporada de migración y cría. Estas manadas están compuestas por individuos de todas las edades y sexos, que se unen para buscar comida, protegerse mutuamente y enfrentar los desafíos de la vida en la sabana.

Estado de Conservación:

Aunque la cebra no está actualmente en peligro de extinción, enfrenta numerosas amenazas en su hábitat natural, incluida la pérdida de hábitat, la caza furtiva y los conflictos con humanos. La conservación de estas magníficas criaturas es crucial para mantener el equilibrio ecológico de la sabana africana y proteger su diversidad biológica.

5 Curiosidades Sorprendentes:

1. Patrones Individuales: Aunque todas las cebras tienen rayas, cada individuo tiene un patrón único y reconocible, similar a una huella digital humana, que puede ayudar a distinguirlos entre sí.
2. Comportamiento de Alerta: Las cebras son conocidas por su agudo sentido del oído y su capacidad para detectar peligros en su entorno, alertando a otros miembros de la manada con vocalizaciones distintivas cuando se perciben amenazas.
3. Manadas Mixtas: A menudo, las cebras forman manadas mixtas con otros herbívoros de la sabana, como ñus e impalas, aprovechando la seguridad y protección que ofrece la presencia de múltiples especies.

4. Comunicación Visual: Además de las vocalizaciones, las cebras también se comunican entre sí a través de expresiones faciales y posturas corporales, mostrando signos de sumisión, dominancia y afecto hacia otros miembros de la manada.

5. Migraciones Estacionales: Al igual que otros animales de la sabana, las cebras también participan en migraciones estacionales en busca de pastos frescos y agua, recorriendo largas distancias para encontrar los recursos necesarios para sobrevivir.

LA HIENA: LA RISUEÑA CAZADORA DE LA SABANA

Imagina una criatura cuya risa estridente corta el silencio de la noche en la sabana africana, cuya presencia evoca tanto temor como intriga en aquellos que la observan. Eso, mis amigos, es la hiena. Estos depredadores sociales han cautivado a muchos con su comportamiento único y su adaptabilidad en la sabana.

Lo que lo Hace Único:

¿Qué hace que la hiena sea tan especial? En primer lugar, su risa distintiva, que puede ser escuchada desde lejos y a menudo es un presagio de peligro para otros animales de la sabana. Además, su papel vital como carroñero y depredador oportunista la convierte en un elemento crucial del ecosistema africano.

Descripción de la Hiena:

Miremos más de cerca a este depredador nocturno. La hiena posee un cuerpo robusto y musculoso, coronado por una cabeza grande y poderosa que alberga mandíbulas fuertes y afiladas. Su pelaje áspero y moteado varía en color, desde tonos marrones y grises hasta negros, proporcionándole camuflaje en la sabana africana.

Hábitat Natural:

Las hienas se encuentran en su elemento en las llanuras abiertas y sabanas arboladas de África, donde pueden aprovechar al máximo su agilidad y resistencia en la caza y el seguimiento de presas. Estos depredadores son conocidos por su adaptabilidad a una variedad de hábitats, desde praderas hasta bosques densos.

Alimentación de la Hiena:

A pesar de su reputación como carroñeras, las hienas también son cazadoras expertas que se alimentan de una variedad de presas, desde animales pequeños como roedores hasta grandes ungulados como ñus y cebras. Su mandíbula poderosa y sus dientes afilados les permiten desgarrar la carne con facilidad y eficiencia.

Vida Social:

En cuanto a su vida social, las hienas son animales altamente sociales que viven en grupos jerárquicos conocidos como clanes. Estos clanes están liderados por hembras dominantes que ocupan posiciones de poder y controlan el acceso a recursos como alimento y territorio.

Estado de Conservación:

Aunque las hienas no están actualmente en peligro de extinción, enfrentan numerosas amenazas en su hábitat natural, incluida la pérdida de hábitat, la caza furtiva y los conflictos con humanos. La conservación de estos depredadores es crucial para mantener el equilibrio ecológico de la sabana africana y proteger su diversidad biológica.

5 Curiosidades Sorprendentes:

1. Risas Comunicativas: La risa de la hiena no siempre indica alegría, sino que puede ser una forma de comunicación entre miembros del clan, señalando peligros, llamando a la caza o estableciendo jerarquías sociales.
2. Cazadoras Nocturnas: Aunque son conocidas por ser carroñeras, las hienas también cazan activamente durante la noche, aprovechando la oscuridad y la sorpresa para emboscar a presas desprevenidas.
3. Madrigueras Comunitarias: Los clanes de hienas suelen compartir madrigueras subterráneas, donde las hembras dan a luz y crían a sus cachorros, fortaleciendo los lazos sociales dentro del grupo.
4. Reinas Dominantes: A diferencia de otros depredadores

sociales, las hembras hiena ocupan posiciones de poder en la jerarquía del clan, liderando las cacerías y defendiendo el territorio de intrusos.

5. Diversidad de Dieta: Aunque son conocidas por su papel como carroñeras, las hienas también se alimentan de frutas, vegetales y carroña, mostrando una dieta diversa y adaptable que les permite sobrevivir en una variedad de entornos.

LA FOSA: LA DEPREDADORA SUPREMA DE MADAGASCAR

Imagina una criatura cuya silueta se desliza sigilosamente entre los árboles de la exuberante selva de Madagascar, cuya presencia evoca temor y respeto en todos los que la encuentran. Eso, mis amigos, es la fosa. Este depredador furtivo y ágil ha cautivado a muchos con su comportamiento intrépido y su papel crucial en el ecosistema de la isla.

Lo que lo Hace Único:

¿Qué hace que la fosa sea tan especial? En primer lugar, su estatus como el mayor depredador terrestre de Madagascar, que la coloca en la cima de la cadena alimentaria de la isla. Además, su agilidad y destreza en la caza, combinadas con su naturaleza solitaria y esquiva, la convierten en una fuerza a tener en cuenta en la selva.

Descripción de la Fosa:

Miremos más de cerca a este depredador nocturno. La fosa posee un cuerpo alargado y musculoso, coronado por una cabeza estrecha y afilada que alberga mandíbulas poderosas y dientes afilados. Su pelaje corto y denso varía en color, desde tonos rojizos hasta marrones oscuros, proporcionándole camuflaje en el denso dosel de la selva.

Hábitat Natural:

Las fosas se encuentran en su elemento en los densos bosques y selvas de Madagascar, donde pueden moverse con facilidad entre la vegetación espesa y aprovechar al máximo su agilidad en la caza. Estos depredadores son conocidos por su adaptabilidad a una variedad de hábitats, desde bosques húmedos hasta matorrales secos.

Alimentación de la Fosa:

A pesar de su apariencia grácil, la fosa es un cazadora voraz que se alimenta principalmente de lemures y otros mamíferos pequeños, así como aves, reptiles e incluso insectos. Su capacidad para trepar árboles y acechar a sus presas desde las alturas le otorga una ventaja significativa en la selva.

Vida Solitaria:

En cuanto a su vida social, la fosa es principalmente solitaria, prefiriendo cazar y vivir en solitario la mayor parte del tiempo. Aunque pueden tolerar la presencia de otros individuos en su territorio, rara vez interactúan con ellos, excepto durante la temporada de apareamiento.

Estado de Conservación:

Aunque la fosa no está actualmente en peligro de extinción, enfrenta numerosas amenazas en su hábitat natural, incluida la pérdida de hábitat debido a la deforestación y la caza furtiva. La conservación de estos depredadores es crucial para mantener el equilibrio ecológico de Madagascar y proteger su diversidad biológica.

5 Curiosidades Sorprendentes:

1. Ágil Treparbol: La fosa es una excelente trepadora, capaz de escalar árboles con facilidad para acechar a sus presas desde las alturas.
2. Caza Nocturna: Aunque son principalmente nocturnas, las fosas también pueden cazar durante el día si es necesario, aprovechando las oportunidades de alimentación siempre que se presenten.
3. Depredador Oportuno: Las fosas son depredadores oportunistas que se adaptan a una variedad de presas y condiciones de caza, lo que les permite sobrevivir en un entorno tan cambiante como la selva de Madagascar.
4. Comunicación Vocal: Aunque son generalmente silenciosas, las fosas pueden emitir una variedad de vocalizaciones, incluidos gruñidos, chillidos y gemidos,

para comunicarse entre sí y establecer territorios.

5. Matriarcado Social: En algunas poblaciones de fosas, las hembras dominan la jerarquía social, controlando los recursos y protegiendo el territorio del clan contra intrusos.

EL BÚFALO: LA FUERZA INDOMABLE DE LA SABANA

Imagina una criatura cuyo imponente tamaño y fuerza imparable dominan las vastas llanuras de la sabana africana, cuya presencia evoca respeto y admiración en todos los que la contemplan. Eso, mis amigos, es el búfalo.

Estos majestuosos herbívoros han cautivado a muchos con su robustez y su papel vital en el ecosistema de la sabana.

Lo que lo Hace Único:

¿Qué hace que el búfalo sea tan especial? En primer lugar, su estatus como uno de los grandes herbívoros de la sabana africana, que lo coloca en una posición destacada en la cadena alimentaria. Además, su naturaleza gregaria y su capacidad para defenderse de depredadores lo convierten en una fuerza a tener en cuenta en la sabana.

Descripción del Búfalo:

Miremos más de cerca a este gigante de la sabana. El búfalo posee un cuerpo macizo y musculoso, coronado por una cabeza grande y poderosa que alberga un par de cuernos curvos y afilados. Su pelaje oscuro y espeso está diseñado para protegerlo del sol y los insectos, proporcionándole un aspecto imponente y resistente.

Hábitat Natural:

Los búfalos se encuentran en su elemento en las extensas llanuras y sabanas arboladas de África, donde pueden aprovechar al máximo los pastos frescos y el agua durante la temporada de lluvias. Estos herbívoros son conocidos por su capacidad para adaptarse a una variedad de hábitats, desde praderas abiertas hasta bosques ribereños.

Alimentación del Búfalo:

A pesar de su apariencia formidable, el búfalo es un herbívoro pacífico que se alimenta principalmente de pasto y vegetación de la sabana. Su dieta variada y su capacidad para buscar alimento en una variedad de plantas le permiten sobrevivir y prosperar en un entorno tan competitivo como la sabana africana.

Vida Social:

En cuanto a su vida social, los búfalos son animales gregarios que forman manadas grandes y cohesionadas durante todo el año. Estas manadas están compuestas por individuos de todas las edades y sexos, que se unen para buscar comida, protegerse mutuamente y enfrentar los desafíos de la vida en la sabana.

Estado de Conservación:

Aunque el búfalo no está actualmente en peligro de extinción, enfrenta numerosas amenazas en su hábitat natural, incluida la pérdida de hábitat debido a la expansión humana y la caza furtiva. La conservación de estos herbívoros es crucial para mantener el equilibrio ecológico de la sabana africana y proteger su diversidad biológica.

5 Curiosidades Sorprendentes:

1. Manadas Jerárquicas: Las manadas de búfalos están lideradas por hembras mayores, que toman decisiones importantes y guían al grupo en busca de comida y agua.
2. Espíritu de Defensa: Los búfalos son conocidos por su agresividad y valentía al enfrentarse a depredadores como leones y cocodrilos para proteger a los miembros más vulnerables de la manada.
3. Baños de Barro: Durante la temporada seca, los búfalos se cubren de barro para protegerse de las picaduras de insectos y regular su temperatura corporal.
4. Vocalizaciones Distintivas: Los búfalos emiten una variedad de vocalizaciones, incluidos gruñidos, mugidos y bufidos, para comunicarse entre sí y mantener la cohesión

de la manada.

5. Longevidad Impresionante: En cautiverio, algunos búfalos han vivido hasta 25 años, lo cual es una vida bastante larga para un herbívoro de gran tamaño.

EL ANTÍLOPE: LA ELEGANCIA ÁGIL DE LA SABANA

Imagina una criatura cuya gracia y agilidad rivalizan con la brisa que acaricia las hierbas altas de la sabana africana, cuya presencia evoca un sentido de belleza y armonía en el vasto paisaje. Eso, mis amigos, es el antílope. Estos magníficos herbívoros han cautivado a muchos con su elegancia en la sabana.

Lo que lo Hace Único:

¿Qué hace que el antílope sea tan especial? En primer lugar, su diversidad asombrosa, que abarca una amplia gama de especies, cada una adaptada a su propio nicho ecológico en la sabana africana. Además, su agilidad y velocidad en la carrera, combinadas con su comportamiento social complejo, los convierten en uno de los grupos de herbívoros más fascinantes de la sabana.

Descripción del Antílope:

Miremos más de cerca a estos elegantes corredores. Los antílopes poseen cuerpos esbeltos y ágiles, coronados por cabezas ornamentadas con cuernos impresionantes en muchos casos. Su pelaje varía en color y patrón, desde tonos dorados y blancos hasta marrones y negros, proporcionándoles camuflaje en la sabana africana.

Hábitat Natural:

Los antílopes se encuentran en su elemento en las llanuras abiertas y praderas de la sabana africana, donde pueden moverse con facilidad y aprovechar al máximo su agilidad en la carrera. Estos herbívoros son conocidos por su capacidad para adaptarse a una variedad de hábitats, desde praderas abiertas hasta bosques dispersos.

Alimentación del Antílope:

A pesar de su aspecto delicado, los antílopes son herbívoros resistentes que se alimentan principalmente de pasto y vegetación de la sabana. Su dieta variada y su capacidad para buscar alimento en una variedad de plantas les permiten sobrevivir y prosperar en un entorno tan competitivo como la sabana africana.

Vida Social:

En cuanto a su vida social, los antílopes exhiben una variedad de estructuras sociales, desde especies solitarias hasta manadas grandes y cohesionadas. Estas manadas pueden estar compuestas por individuos de todas las edades y sexos, que se unen para buscar comida, protegerse mutuamente y enfrentar los desafíos de la vida en la sabana.

Estado de Conservación:

Aunque los antílopes no están actualmente en peligro de extinción en su conjunto, algunas especies enfrentan amenazas significativas en su hábitat natural, incluida la pérdida de hábitat debido a la expansión humana y la caza furtiva. La conservación de estos herbívoros es crucial para mantener el equilibrio ecológico de la sabana africana y proteger su diversidad biológica.

5 Curiosidades Sorprendentes:

1. Espectáculo de Saltos: Algunas especies de antílopes, como los impalas, son conocidas por realizar saltos impresionantes, alcanzando alturas sorprendentes para evadir a los depredadores y comunicarse entre sí.
2. Adaptaciones Especializadas: Los antílopes exhiben una variedad de adaptaciones especializadas, desde cuernos ornamentados para la defensa hasta patas largas y delgadas para la velocidad en la carrera.
3. Migraciones Masivas: Algunas especies de antílopes, como los ñus, participan en migraciones masivas en busca de pastos frescos y agua durante la temporada seca, formando espectáculos impresionantes en la sabana africana.

4. Comunicación Vocal: Los antílopes emiten una variedad de vocalizaciones, incluidos gruñidos, mugidos y silbidos, para comunicarse entre sí y mantener la cohesión de la manada.

5. Estrategias de Defensa: Los antílopes han desarrollado una variedad de estrategias de defensa contra los depredadores, incluida la formación de manadas, el camuflaje en el paisaje y la velocidad en la carrera para escapar del peligro.

EL ORYX: LA ELEGANCIA DEL DESIERTO AFRICANO

Imagina una criatura cuya gracia y resistencia desafían el calor implacable y los vientos áridos del desierto africano, cuya presencia evoca un sentido de belleza y adaptación en el vasto paisaje desértico. Eso, mis amigos, es el oryx. Este magnífico antílope ha cautivado a muchos con su elegancia y su habilidad para sobrevivir en entornos hostiles.

Lo que lo Hace Único:

¿Qué hace que el oryx sea tan especial? En primer lugar, su adaptación excepcional a los ambientes desérticos y semidesérticos de África, donde su capacidad para conservar agua y resistir temperaturas extremas lo convierte en uno de los antílopes más emblemáticos de la región. Además, su aspecto distintivo y su comportamiento social complejo lo hacen aún más fascinante para los observadores de la naturaleza.

Descripción del Oryx:

Miremos más de cerca a este elegante superviviente del desierto. El oryx posee un cuerpo esbelto y musculoso, coronado por una cabeza adornada con un par de largos cuernos rectos y afilados. Su pelaje es de color blanco o crema, con marcas negras en la cara y las extremidades, proporcionándole camuflaje en el paisaje desértico.

Hábitat Natural:

Los oryx se encuentran en su elemento en los desiertos y semidesiertos de África, donde pueden moverse con facilidad sobre la arena y las dunas en busca de alimento y agua. Estos antílopes son conocidos por su capacidad para sobrevivir en condiciones extremas, aprovechando al máximo los recursos escasos del desierto.

Alimentación del Oryx:

A pesar de las duras condiciones del desierto, el oryx es un herbívoro que se alimenta principalmente de plantas duras y resistentes, como hierbas secas y arbustos espinosos. Su dieta variada y su capacidad para encontrar alimento en entornos inhóspitos le permiten sobrevivir y prosperar en un ambiente tan desafiante como el desierto africano.

Vida Social:

En cuanto a su vida social, los oryx son animales gregarios que forman manadas pequeñas y cohesionadas durante la temporada de reproducción y migración. Estas manadas están compuestas por individuos de todas las edades y sexos, que se unen para buscar comida, protegerse mutuamente y enfrentar los desafíos de la vida en el desierto.

Estado de Conservación:

Aunque el oryx no está actualmente en peligro de extinción, algunas poblaciones enfrentan amenazas significativas debido a la pérdida de hábitat y la caza furtiva en áreas donde su presencia es más escasa. La conservación de estos antílopes es crucial para mantener el equilibrio ecológico de la sabana africana y proteger su diversidad biológica.

5 Curiosidades Sorprendentes:

1. Adaptaciones Especiales: El oryx tiene una serie de adaptaciones únicas para sobrevivir en el desierto, incluida la capacidad de concentrar la orina y las heces para conservar agua y la capacidad de regular la temperatura corporal a través de la respiración.
2. Migraciones Estacionales: Algunas poblaciones de oryx realizan migraciones estacionales en busca de pastos frescos y agua durante la temporada seca, recorriendo largas distancias a través del desierto en busca de recursos.
3. Estrategias de Defensa: Cuando se enfrenta a

depredadores como leones y leopardos, el oryx puede utilizar su velocidad en la carrera y sus movimientos evasivos para escapar del peligro.

4. Vocalizaciones Comunicativas: Los oryx emiten una variedad de vocalizaciones, incluidos gruñidos, bramidos y silbidos, para comunicarse entre sí y mantener la cohesión de la manada.

5. Adaptabilidad: A pesar de su especialización en la vida en la sabana, los oryx pueden sobrevivir en una variedad de hábitats, desde pastizales abiertos hasta zonas arboladas, gracias a su capacidad para adaptarse a diferentes condiciones ambientales.

EL TOPI: LA ELEGANCIA VELOZ DE LA SABANA

Imagina una criatura cuya elegancia en la carrera rivaliza con la velocidad del viento que atraviesa las vastas llanuras de la sabana africana, cuya presencia evoca un sentido de gracia y agilidad en el paisaje abierto. Eso, mis amigos, es el topi. Este magnífico antílope ha cautivado a muchos con su velocidad y su adaptación a la vida en la sabana.

Lo que lo Hace Único:

¿Qué hace que el topi sea tan especial? En primer lugar, su capacidad para correr a velocidades impresionantes, lo que lo convierte en uno de los antílopes más rápidos de la sabana. Además, su comportamiento social complejo y su papel vital en el ecosistema lo hacen aún más fascinante para los observadores de la naturaleza.

Descripción del Topi:

Miremos más de cerca a este veloz corredor de la sabana. El topi posee un cuerpo esbelto y musculoso, coronado por una cabeza adornada con un par de cuernos largos y delgados en los machos. Su pelaje es de color marrón dorado, con manchas más oscuras en la parte superior y un vientre más claro, proporcionándole camuflaje en la sabana africana.

Hábitat Natural:

Los topis se encuentran en su elemento en las amplias llanuras y praderas de la sabana africana, donde pueden correr y pastar con libertad. Estos antílopes son conocidos por su capacidad para adaptarse a una variedad de hábitats, desde pastizales abiertos hasta zonas arboladas dispersas.

Alimentación del Topi:

A pesar de su habilidad para la carrera, el topi es un herbívoro que se alimenta principalmente de pasto y vegetación de la sabana. Su dieta consiste en una variedad de pastos y hierbas, que proporcionan los nutrientes necesarios para mantener su energía y vitalidad en la sabana africana.

Vida Social:

En cuanto a su vida social, los topis son animales gregarios que forman manadas grandes y cohesionadas durante la temporada de reproducción y migración. Estas manadas están compuestas por individuos de todas las edades y sexos, que se unen para buscar comida, protegerse mutuamente y enfrentar los desafíos de la vida en la sabana.

Estado de Conservación:

Aunque los topis no están actualmente en peligro de extinción, algunas poblaciones enfrentan amenazas significativas debido a la pérdida de hábitat y la caza furtiva en áreas donde su presencia es más escasa. La conservación de estos antílopes es crucial para mantener el equilibrio ecológico de la sabana africana y proteger su diversidad biológica.

5 Curiosidades Sorprendentes:

1. Velocidad Impresionante: Los topis pueden correr a velocidades de hasta 70 km/h, lo que los convierte en unos de los antílopes más rápidos de la sabana.
2. Competencias de Cortejo: Durante la temporada de apareamiento, los machos de topi participan en competencias de cortejo, donde corren y luchan entre sí para ganar el derecho a aparearse con las hembras.
3. Estrategias de Defensa: Cuando se enfrenta a depredadores como leones y leopardos, el topi puede utilizar su velocidad en la carrera y sus movimientos evasivos para escapar del peligro.
4. Vocalizaciones Comunicativas: Los topis emiten una variedad de vocalizaciones, incluidos gruñidos, bramidos y

silbidos, para comunicarse entre sí y mantener la cohesión de la manada.

5. Adaptabilidad: A pesar de su especialización en la vida en la sabana, los topis pueden sobrevivir en una variedad de hábitats, desde pastizales abiertos hasta zonas arboladas, gracias a su capacidad para adaptarse a diferentes condiciones ambientales.

LA MANGOSTA: LA VALIENTE DEFENSORA DE LA SABANA

Imagina una criatura cuya valentía y agilidad rivalizan con los depredadores más feroces de la sabana africana, cuya presencia evoca un sentido de determinación y adaptación en el vasto paisaje. Eso, mis amigos, es la mangosta. Este pequeño mamífero carnívoro ha cautivado a muchos con su destreza y su papel vital en el ecosistema de la sabana.

Lo que la Hace Única:

¿Qué hace que la mangosta sea tan especial? En primer lugar, su intrépido espíritu cazador, que la convierte en una formidable depredadora de serpientes y otros reptiles venenosos. Además, su estructura social compleja y su comportamiento cooperativo la hacen aún más fascinante para los observadores de la naturaleza.

Descripción de la Mangosta:

Miremos más de cerca a este valiente defensor de la sabana. La mangosta tiene un cuerpo esbelto y ágil, con patas cortas pero poderosas que le permiten moverse con rapidez y destreza sobre el terreno. Su pelaje es de color marrón o gris, con manchas o rayas que proporcionan camuflaje en la sabana africana.

Hábitat Natural:

Las mangostas se encuentran en su elemento en una variedad de hábitats de la sabana africana, desde praderas abiertas hasta bosques dispersos. Estos mamíferos son conocidos por su capacidad para adaptarse a una variedad de entornos, aprovechando al máximo los recursos disponibles en cada uno de ellos.

Alimentación de la Mangosta:

A pesar de su pequeño tamaño, la mangosta es un depredador formidable que se alimenta principalmente de insectos, roedores y reptiles, incluidas serpientes venenosas. Su dieta variada y su agilidad en la caza le permiten mantenerse bien alimentada y saludable en la sabana africana.

Vida Social:

En cuanto a su vida social, las mangostas son animales altamente sociales que viven en grupos familiares cohesionados. Estos grupos, conocidos como colonias, están compuestos por individuos de todas las edades y sexos, que trabajan juntos para cazar, criar crías y protegerse mutuamente de los depredadores.

Estado de Conservación:

Aunque las mangostas no están actualmente en peligro de extinción, algunas poblaciones enfrentan amenazas significativas debido a la pérdida de hábitat y la caza furtiva en áreas donde su presencia es más escasa. La conservación de estas valientes depredadoras es crucial para mantener el equilibrio ecológico de la sabana africana y proteger su diversidad biológica.

5 Curiosidades Sorprendentes:

1. Resistencia al Veneno: La mangosta es conocida por su inmunidad al veneno de serpientes, lo que le permite enfrentarse a estos reptiles con valentía y determinación.
2. Comunicación Vocal: Las mangostas emiten una variedad de vocalizaciones, incluidos gruñidos, chirridos y silbidos, para comunicarse entre sí y coordinar sus actividades dentro de la colonia.
3. Crianza Cooperativa: Todos los miembros de la colonia participan en el cuidado de las crías de mangosta, proporcionando protección y alimentación a los cachorros recién nacidos.
4. Territorialidad Marcada: Las mangostas son animales territoriales que defienden agresivamente sus territorios

de intrusos, marcando los límites con secreciones de glándulas odoríferas.

5. Longevidad Relativa: En cautiverio, algunas mangostas han vivido hasta 10 años, lo cual es una vida bastante larga para un mamífero de su tamaño y hábitos de vida.

EL SURICATA: EL GUARDIÁN CAUTELOSO DE LA SABANA

Imagina una criatura cuya vigilancia y curiosidad rivalizan con los desafíos del paisaje árido y vasto de la sabana africana, cuya presencia evoca un sentido de alerta y comunidad en el entorno. Eso, mis amigos, es el suricata.

Este pequeño mamífero ha cautivado a muchos con su comportamiento social y su papel vital en la ecología de la sabana.

Lo que lo Hace Único:

¿Qué hace que el suricata sea tan especial? En primer lugar, su estructura social altamente desarrollada, que se basa en la cooperación y la comunicación entre los miembros del grupo. Además, su papel como guardián vigilante del grupo, alertando a sus congéneres ante posibles peligros, lo convierte en una pieza clave del ecosistema de la sabana.

Descripción del Suricata:

Miremos más de cerca a este cauteloso guardián de la sabana. El suricata tiene un cuerpo delgado y ágil, con patas cortas pero fuertes que le permiten moverse con rapidez sobre el terreno. Su pelaje es de color marrón claro o grisáceo, con rayas distintivas en la espalda y los costados, lo que le proporciona camuflaje en la sabana africana.

Hábitat Natural:

Los suricatas se encuentran en su elemento en las regiones áridas y semidesérticas de África, donde pueden excavar madrigueras en la arena y buscar alimento entre las rocas y arbustos dispersos. Estos mamíferos son conocidos por su capacidad para adaptarse a las duras condiciones del desierto y aprovechar al máximo los recursos disponibles en su entorno.

Alimentación del Suricata:

A pesar de su pequeño tamaño, el suricata es un depredador formidable que se alimenta principalmente de insectos, como escarabajos, termitas y arañas. Su dieta variada y su agilidad en la caza le permiten mantenerse bien alimentado y saludable en la sabana africana.

Vida Social:

En cuanto a su vida social, los suricatas viven en grupos familiares cohesionados, conocidos como clanes. Estos clanes están compuestos por individuos de todas las edades y sexos, que trabajan juntos para cazar, criar crías y protegerse mutuamente de los depredadores.

Estado de Conservación:

Aunque los suricatas no están actualmente en peligro de extinción, algunas poblaciones enfrentan amenazas significativas debido a la pérdida de hábitat y la caza furtiva en áreas donde su presencia es más escasa. La conservación de estos pequeños guardianes de la sabana es crucial para mantener el equilibrio ecológico del ecosistema africano y proteger su diversidad biológica.

5 Curiosidades Sorprendentes:

1. Vigilancia Constante: Los suricatas asignan individuos específicos dentro del grupo para vigilar y alertar a los demás ante posibles peligros, como depredadores acechantes o intrusos en su territorio.
2. Comunicación Vocal: Los suricatas emiten una variedad de vocalizaciones, incluidos ladridos y silbidos, para comunicarse entre sí y coordinar sus actividades dentro del clan.
3. Madrigueras Intrincadas: Los suricatas construyen madrigueras complejas con múltiples entradas y salidas, que utilizan para descansar, refugiarse y criar crías.
4. Cuidado Comunitario de las Crías: Todos los miembros del clan participan en el cuidado y protección de las

crías de suricata, proporcionando alimento y enseñándoles habilidades de supervivencia desde una edad temprana.

5. Longevidad Relativa: En cautiverio, algunos suricatas han vivido hasta 10 años, lo cual es una vida bastante larga para un mamífero de su tamaño y hábitos de vida.

EL AVESTRUZ: EL GIGANTE VELOZ DE LA SABANA

Imagina una criatura cuya imponente estatura y velocidad desafían las vastas llanuras de la sabana africana, cuya presencia evoca un sentido de majestuosidad y resistencia en el paisaje. Eso, mis amigos, es el avestruz. Esta asombrosa ave ha cautivado a muchos con su tamaño impresionante y su habilidad para sobrevivir en la sabana.

Lo que lo Hace Único:

¿Qué hace que el avestruz sea tan especial? En primer lugar, su tamaño gigantesco, que lo convierte en el ave más grande del mundo. Además, su capacidad para correr a velocidades impresionantes, superando incluso a muchos depredadores, lo hace aún más fascinante para los observadores de la naturaleza.

Descripción del Avestruz:

Miremos más de cerca a este gigante veloz de la sabana. El avestruz tiene un cuerpo robusto y musculoso, con largas patas adaptadas para la carrera y un cuello alargado que le permite alcanzar el suelo en busca de alimento. Su plumaje es de color marrón oscuro o negro, con plumas suaves y esponjosas en el cuerpo y plumas más duras en las alas y la cola.

Hábitat Natural:

Los avestruces se encuentran en su elemento en las amplias llanuras y praderas de la sabana africana, donde pueden correr y pastar con libertad. Estas aves son conocidas por su capacidad para adaptarse a una variedad de hábitats, desde pastizales abiertos hasta zonas arboladas dispersas.

Alimentación del Avestruz:

A pesar de su tamaño imponente, el avestruz es un ave herbívora que se alimenta principalmente de plantas, semillas, frutas y brotes tiernos. Su dieta variada y su capacidad para encontrar alimento en entornos desafiantes le permiten mantenerse bien alimentado y saludable en la sabana africana.

Vida Social:

En cuanto a su vida social, los avestruces suelen vivir en grupos familiares, conocidos como manadas. Estas manadas están compuestas por un macho dominante, varias hembras y sus crías, que se unen para buscar comida, protegerse mutuamente y enfrentar los desafíos del hábitat de la sabana.

Estado de Conservación:

Aunque los avestruces no están actualmente en peligro de extinción, algunas poblaciones enfrentan amenazas significativas debido a la pérdida de hábitat y la caza furtiva en áreas donde su presencia es más escasa. La conservación de estos gigantes de la sabana es crucial para mantener el equilibrio ecológico del ecosistema africano y proteger su diversidad biológica.

5 Curiosidades Sorprendentes:

1. Velocidad Impresionante: Los avestruces pueden correr a velocidades de hasta 70 km/h, lo que los convierte en las aves más rápidas del mundo.
2. Incubación Comunal: En lugar de construir nidos, las hembras de avestruz ponen sus huevos en un hoyo excavado en el suelo, donde son incubados por el macho dominante durante el día y por las hembras durante la noche.
3. Defensa Poderosa: Cuando se enfrenta a depredadores, como leones y hienas, el avestruz puede utilizar sus patas poderosas y sus garras afiladas para defenderse y escapar del peligro.
4. Comunicación Visual: Los avestruces utilizan una variedad de señales visuales, como movimientos de la

cabeza y las plumas, para comunicarse entre sí y mantener la cohesión del grupo.

5. Longevidad Relativa: En cautiverio, algunos avestruces han vivido hasta 40 años, lo cual es una vida bastante larga para un ave de su tamaño y hábitos de vida.

EL PUERCOESPÍN: EL GUARDIÁN ESQUIVO DE LA SABANA

Imagina una criatura cuyas espinas afiladas y postura cautelosa desafían incluso a los depredadores más valientes de la sabana africana, cuya presencia evoca un sentido de misterio y protección en el paisaje. Eso, mis amigos, es el puercoespín. Este curioso mamífero ha cautivado a muchos con su apariencia distintiva y su papel único en el ecosistema de la sabana.

Lo que lo Hace Único:

¿Qué hace que el puercoespín sea tan especial? En primer lugar, su capacidad para defenderse de los depredadores utilizando sus espinas afiladas, que pueden clavarse en la piel de cualquier atacante que se atreva a acercarse demasiado. Además, su habilidad para escabullirse entre la maleza y los arbustos, evitando así el peligro, lo hace aún más fascinante para los observadores de la naturaleza.

Descripción del Puercoespín:

Miremos más de cerca a este guardián esquivo de la sabana. El puercoespín tiene un cuerpo robusto y cubierto de espinas afiladas, que utiliza como su principal mecanismo de defensa contra los depredadores. Su pelaje es de color marrón oscuro o grisáceo, con espinas blancas o amarillentas que se erizan cuando se siente amenazado, creando una barrera protectora a su alrededor.

Hábitat Natural:

Los puercoespines se encuentran en su elemento en una variedad de hábitats de la sabana africana, desde praderas abiertas hasta bosques dispersos. Estos mamíferos son conocidos por su capacidad para adaptarse a una variedad de entornos, aprovechando al máximo los recursos disponibles en cada uno de ellos.

Alimentación del Puercoespín:

A pesar de su aspecto formidable, el puercoespín es un herbívoro que se alimenta principalmente de plantas, raíces, hojas y frutas. Su dieta variada y su habilidad para encontrar alimento en entornos desafiantes le permiten mantenerse bien alimentado y saludable en la sabana africana.

Vida Social:

En cuanto a su vida social, los puercoespines suelen ser animales solitarios que prefieren la compañía de su propia especie solo durante la época de reproducción. Fuera de esta temporada, pasan la mayor parte de su tiempo buscando alimento y refugio en la maleza y los arbustos de la sabana.

Estado de Conservación:

Aunque los puercoespines no están actualmente en peligro de extinción, algunas poblaciones enfrentan amenazas significativas debido a la pérdida de hábitat y la caza furtiva en áreas donde su presencia es más escasa. La conservación de estos curiosos mamíferos es crucial para mantener el equilibrio ecológico del ecosistema africano y proteger su diversidad biológica.

5 Curiosidades Sorprendentes:

1. Sistema de Defensa Eficiente: El puercoespín tiene alrededor de 30,000 espinas afiladas en su cuerpo, que puede erizar cuando se siente amenazado, formando una barrera protectora contra los depredadores.
2. Hábitos Nocturnos: Los puercoespines son animales nocturnos, lo que significa que pasan la mayor parte de su tiempo activos durante la noche, buscando alimento y evitando depredadores.
3. Habilidad para Trepar: A pesar de su aspecto torpe, los puercoespines son buenos trepadores y pueden escalar árboles y arbustos con facilidad para escapar del peligro.
4. Longevidad Relativa: En cautiverio, algunos puercoespines han vivido hasta 15 años, lo cual es una vida

bastante larga para un mamífero de su tamaño y hábitos de vida.

5. Vocalizaciones Sorprendentes: Aunque generalmente son silenciosos, los puercoespines pueden emitir una variedad de sonidos, incluidos gruñidos y chasquidos, para comunicarse entre sí y advertir a los intrusos de su presencia.

EL COCODRILO: EL REY SIGILOSO DE LOS RÍOS AFRICANOS

Imagina una criatura cuya presencia imponente y sigilosa infunde respeto en los ríos y lagos de la sabana africana, cuyo aspecto ancestral evoca una conexión profunda con la historia de la tierra. Eso, mis amigos, es el cocodrilo. Este formidable reptil ha dominado los ecosistemas acuáticos de África con su presencia indomable y su papel vital en el equilibrio natural.

Lo que lo Hace Único:

¿Qué hace que el cocodrilo sea tan especial? En primer lugar, su adaptación perfecta al medio acuático, donde se convierte en el depredador supremo. Además, su aspecto prehistórico y su comportamiento sigiloso lo convierten en una figura misteriosa y temida en la sabana africana.

Descripción del Cocodrilo:

Miremos más de cerca a este rey sigiloso de los ríos africanos. El cocodrilo tiene un cuerpo largo y musculoso, con una cabeza grande y poderosa llena de dientes afilados. Su piel está cubierta de escamas gruesas y ásperas, que le proporcionan protección y camuflaje en su entorno acuático.

Hábitat Natural:

Los cocodrilos se encuentran en su elemento en los ríos, lagos y pantanos de la sabana africana, donde pueden cazar, reproducirse y descansar con comodidad. Estos reptiles son conocidos por su capacidad para adaptarse a una variedad de hábitats acuáticos, desde aguas tranquilas hasta corrientes rápidas.

Alimentación del Cocodrilo:

A pesar de su reputación como depredadores feroces, los cocodrilos son principalmente carnívoros que se alimentan de una variedad de presas, incluidos peces, aves, mamíferos e incluso otros reptiles. Su habilidad para acechar a sus presas y lanzar ataques sorpresa desde el agua los convierte en cazadores formidables en la sabana africana.

Vida Social:

En cuanto a su vida social, los cocodrilos suelen ser animales solitarios que prefieren la soledad de sus hábitats acuáticos. Sin embargo, durante la temporada de reproducción, pueden congregarse en grupos para cortejar y aparearse, antes de volver a sus hábitos solitarios una vez más.

Estado de Conservación:

Aunque los cocodrilos no están actualmente en peligro de extinción, algunas poblaciones enfrentan amenazas significativas debido a la pérdida de hábitat, la caza furtiva y la persecución por parte de humanos en áreas donde su presencia es más conflictiva. La conservación de estos majestuosos reptiles es crucial para mantener el equilibrio ecológico de los ecosistemas acuáticos de África y proteger su diversidad biológica.

5 Curiosidades Sorprendentes:

1. Respiración Submarina: Los cocodrilos pueden permanecer sumergidos bajo el agua durante largos períodos de tiempo, utilizando su sistema respiratorio especializado que les permite retener el oxígeno durante la inmersión.
2. Regulación de la Temperatura: Los cocodrilos son animales ectotermos, lo que significa que dependen del ambiente externo para regular su temperatura corporal. Pasan gran parte del día tomando el sol en las orillas de los ríos y lagos para mantenerse calientes.
3. Incubación Termorregulada: Las hembras de cocodrilo construyen nidos de vegetación en las orillas de los

cuerpos de agua, donde depositan sus huevos para incubarlos. Durante este proceso, las hembras controlan la temperatura del nido agregando o quitando material vegetal para mantener una temperatura óptima para el desarrollo de los huevos.

4. Crecimiento Indefinido: A lo largo de su vida, los cocodrilos continúan creciendo y desarrollándose, con algunos ejemplares alcanzando tamaños impresionantes de más de 6 metros de longitud.

5. Longevidad Relativa: Se cree que los cocodrilos pueden vivir hasta 70 años en la naturaleza, lo cual es una vida sorprendentemente larga para un reptil.

EL FLAMENCO: EL BAILARÍN ELEGANTE DE LOS HUMEDALES AFRICANOS

Imagina una criatura cuya gracia y elegancia llenan los cielos y las aguas de los humedales de la sabana africana, cuya presencia evoca una sensación de belleza y armonía en el paisaje. Eso, mis amigos, es el flamenco. Esta majestuosa ave ha cautivado a muchos con sus movimientos gráciles y su colorido plumaje, convirtiéndose en un símbolo de la vida en los humedales africanos.

Lo que lo Hace Único:

¿Qué hace que el flamenco sea tan especial? En primer lugar, su distintiva coloración rosada, que proviene de su dieta rica en carotenoides. Además, su elegante forma de alimentarse filtrando el agua y su habilidad para vivir en grandes colonias lo convierten en una figura icónica de los humedales africanos.

Descripción del Flamenco:

Miremos más de cerca a este bailarín elegante de los humedales. El flamenco tiene un cuello largo y delgado, patas largas y un pico curvo especializado para filtrar el agua en busca de alimento. Su plumaje es de color rosa intenso, con plumas largas y esbeltas que le dan un aspecto majestuoso cuando se eleva sobre las aguas.

Hábitat Natural:

Los flamencos se encuentran en su elemento en los humedales y lagunas de la sabana africana, donde pueden encontrar alimento y refugio en abundancia. Estas aves son conocidas por su capacidad para adaptarse a una variedad de hábitats acuáticos, desde lagos poco profundos hasta estuarios costeros.

Alimentación del Flamenco:

A pesar de su aspecto delicado, el flamenco es un ave omnívora que se alimenta principalmente de algas, crustáceos, insectos y pequeños peces que encuentra en las aguas poco profundas de los humedales. Su habilidad para filtrar el agua con su pico curvo le permite extraer alimento de manera eficiente y mantenerse bien alimentado en su entorno acuático.

Vida Social:

En cuanto a su vida social, los flamencos suelen vivir en grandes colonias que pueden incluir miles de individuos. Estas colonias son sitios de anidación importantes donde los flamencos construyen nidos de barro en las orillas de los humedales y cuidan juntos de sus crías durante la temporada de reproducción.

Estado de Conservación:

Aunque los flamencos no están actualmente en peligro de extinción, algunas poblaciones enfrentan amenazas significativas debido a la pérdida de hábitat, la contaminación de los humedales y la perturbación humana en áreas donde su presencia es más vulnerable. La conservación de estos elegantes pájaros es crucial para mantener el equilibrio ecológico de los ecosistemas acuáticos de África y proteger su diversidad biológica.

5 Curiosidades Sorprendentes:

1. Sociabilidad Notable: Los flamencos son aves muy sociales que pasan gran parte del tiempo alimentándose, descansando y reproduciéndose en grandes grupos. Su comportamiento colectivo les proporciona seguridad contra los depredadores y les permite encontrar alimento de manera más eficiente.
2. Vuelo Elegante: A pesar de su apariencia torpe en tierra, los flamencos son aves gráciles en el aire y pueden volar largas distancias a velocidades impresionantes.
3. Comunicación Visual: Los flamencos utilizan una

variedad de señales visuales, incluidos movimientos corporales y exhibiciones de plumaje, para comunicarse entre sí y mantener la cohesión del grupo.

4. Longevidad Relativa: Se estima que los flamencos pueden vivir hasta 40 años en la naturaleza, lo cual es una vida sorprendentemente larga para un ave de su tamaño y hábitos de vida.

5. Nidificación Comunal: Las colonias de flamencos son sitios de anidación importantes donde las parejas construyen nidos de barro y cuidan juntas de sus crías. Esta forma de nidificación comunal les proporciona protección contra los depredadores y les permite criar a sus crías de manera más exitosa.

LA GRULLA CORONADA: LA ELEGANCIA REAL DE LAS LLANURAS AFRICANAS

Imagina una criatura cuya presencia majestuosa y elegante

llena los cielos y las tierras de la sabana africana, cuya gracia evoca un sentido de nobleza y esplendor en el paisaje. Eso, mis amigos, es la grulla coronada. Esta magnífica ave ha conquistado muchos corazones con su porte real y su plumaje distintivo, convirtiéndose en un emblema de la vida en las llanuras africanas.

Lo que la Hace Única:

¿Qué hace que la grulla coronada sea tan especial? En primer lugar, su distintiva corona de plumas doradas en la cabeza, que le otorga un aire de majestuosidad y distinción. Además, su elegante forma de moverse y su llamativo cortejo nupcial la convierten en una figura icónica de las llanuras africanas.

Descripción de la Grulla Coronada:

Miremos más de cerca a esta elegante ave de las llanuras. La grulla coronada tiene un cuerpo esbelto y unas largas patas adaptadas para caminar grácilmente por los humedales y praderas. Su plumaje es principalmente gris con partes blancas y negras, pero lo más llamativo es su corona de plumas doradas en la cabeza, que le da su nombre distintivo.

Hábitat Natural:

Las grullas coronadas se encuentran en su elemento en las llanuras y humedales de la sabana africana, donde pueden encontrar alimento y refugio en abundancia. Estas aves son conocidas por su capacidad para adaptarse a una variedad de hábitats, desde pastizales abiertos hasta zonas pantanosas y ríos.

Alimentación de la Grulla Coronada:

A pesar de su aspecto elegante, la grulla coronada es un ave omnívora que se alimenta principalmente de una variedad de insectos, semillas, raíces y pequeños animales que encuentra en su entorno. Su larga y delicada factura le permite buscar alimento en el suelo y entre la vegetación con precisión.

Vida Social:

En cuanto a su vida social, las grullas coronadas suelen vivir en parejas monógamas que permanecen juntas de por vida. Durante la temporada de reproducción, realizan impresionantes exhibiciones de cortejo, que incluyen bailes, saltos y llamadas vocales, para fortalecer su vínculo y establecer su territorio.

Estado de Conservación:

Aunque las grullas coronadas no están actualmente en peligro de extinción, algunas poblaciones enfrentan amenazas significativas debido a la pérdida de hábitat, la caza furtiva y la perturbación humana en áreas donde su presencia es más vulnerable. La conservación de estas elegantes aves es crucial para mantener el equilibrio ecológico de las llanuras africanas y proteger su diversidad biológica.

5 Curiosidades Sorprendentes:

1. Vuelo Grácil: Las grullas coronadas son aves poderosas y gráciles en el vuelo, capaces de recorrer largas distancias durante sus migraciones estacionales.
2. Comunicación Vocal: Las grullas coronadas emiten una variedad de llamadas vocales, que van desde silbidos suaves hasta trompetas estridentes, para comunicarse entre sí y

mantener la cohesión del grupo.

3. **Cortejo Elaborado:** Durante la temporada de reproducción, las grullas coronadas realizan un elaborado cortejo nupcial que incluye bailes sincronizados, saltos y llamadas vocales, como una forma de fortalecer los lazos de pareja y establecer su territorio.

4. **Longevidad Relativa:** Se estima que las grullas coronadas pueden vivir hasta 20 años en la naturaleza, lo cual es una vida bastante larga para un ave de su tamaño y hábitos de vida.

5. **Protección de las Crías:** Después de la eclosión, las crías de grulla coronada son protegidas y cuidadas tanto por el macho como por la hembra, quienes comparten responsabilidades en la alimentación y el cuidado de los polluelos.

EL MARABÚ: EL VIGILANTE IMPERTURBABLE DE LAS LLANURAS AFRICANAS

Imagina una criatura cuya presencia imponente y su

mirada penetrante dominan los cielos y las llanuras de la sabana africana, cuyo porte evoca un sentido de poder y misterio en el paisaje. Eso, mis amigos, es el marabú. Esta ave de gran tamaño ha fascinado a muchos con su aspecto singular y su papel vital en el ecosistema de la sabana.

Lo que lo Hace Único:

¿Qué hace que el marabú sea tan especial? En primer lugar, su imponente tamaño y su plumaje oscuro, que lo distinguen como uno de los mayores carroñeros del continente africano. Además, su papel como limpiador de los restos de animales muertos lo convierte en una figura esencial para el equilibrio ecológico de las llanuras.

Descripción del Marabú:

Miremos más de cerca a este vigilante imperturbable de las llanuras. El marabú tiene un cuerpo grande y pesado, con un cuello largo y una cabeza calva y arrugada. Su plumaje es principalmente negro, con manchas blancas en las alas y un cuello desprovisto de plumas. Su pico es poderoso y curvo, adaptado para desgarrar la carne de los cadáveres que encuentra en su entorno.

Hábitat Natural:

Los marabúes se encuentran en su elemento en las llanuras y humedales de la sabana africana, donde pueden encontrar alimento y refugio en abundancia. Estas aves son conocidas por su capacidad para adaptarse a una variedad de hábitats, desde áreas abiertas y secas hasta zonas pantanosas y ríos.

Alimentación del Marabú:

A pesar de su aspecto amenazante, el marabú es en

gran medida un carroñero que se alimenta de los restos de animales muertos que encuentra en su entorno. Su poderoso pico le permite desgarrar la carne de los cadáveres con facilidad, convirtiéndolo en un limpiador eficiente de los desechos animales en las llanuras africanas.

Vida Social:

En cuanto a su vida social, los marabúes suelen vivir en grandes colonias que pueden incluir cientos de individuos. Estas colonias son sitios de anidación importantes donde los marabúes construyen grandes nidos de ramas en los árboles y cuidan juntos de sus crías durante la temporada de reproducción.

Estado de Conservación:

Aunque los marabúes no están actualmente en peligro de extinción, algunas poblaciones enfrentan amenazas significativas debido a la pérdida de hábitat, la contaminación y la persecución humana en áreas donde su presencia es más conflictiva. La conservación de estas imponentes aves es crucial para mantener el equilibrio ecológico de las llanuras africanas y proteger su diversidad biológica.

5 Curiosidades Sorprendentes:

1. Adaptabilidad Extrema: Los marabúes son aves muy adaptables que pueden sobrevivir en una amplia gama de entornos, desde zonas urbanas hasta áreas remotas de la sabana.
2. Vuelo Potente: A pesar de su tamaño y su apariencia torpe en tierra, los marabúes son aves poderosas en el vuelo, capaces de recorrer largas distancias en busca de alimento.

3. Comportamiento Social: Los marabúes son aves muy sociales que pasan gran parte del tiempo en compañía de otros miembros de su especie, ya sea alimentándose juntos o descansando en grandes colonias.

4. Reproducción en Colonia: Durante la temporada de reproducción, los marabúes se congregan en grandes colonias donde construyen nidos comunales y crían juntos a sus crías.

5. Limpieza del Ecosistema: Los marabúes desempeñan un papel crucial como carroñeros, limpiando los restos de animales muertos y reciclando nutrientes en el ecosistema de las llanuras africanas.

EL VERVET: EL JUGUETÓN MONO VERDE DE LAS SABANAS AFRICANAS

Imagina una criatura cuya agilidad y curiosidad llenan los

árboles y las llanuras de la sabana africana, cuya chispa de inteligencia y traviesa actitud le hacen destacar entre la vastedad de la naturaleza. Eso, mis amigos, es el vervet. Este encantador simio ha conquistado muchos corazones con su carisma y su papel vital en el ecosistema de África.

Lo que lo Hace Único:

¿Qué hace que el vervet sea tan especial? En primer lugar, su distintivo pelaje verde oliva, que le camufla entre las frondosas hojas de los árboles. Además, su comportamiento social y su capacidad para adaptarse a diversos entornos lo convierten en una figura icónica de las sabanas africanas.

Descripción del Vervet:

Miremos más de cerca a este juguetón mono verde de las sabanas. El vervet tiene un cuerpo delgado y ágil, con extremidades largas que le permiten moverse con facilidad entre las ramas de los árboles. Su pelaje es de un tono verde oliva distintivo, con áreas más claras en el pecho y la cara. Sus ojos vivaces reflejan su inteligencia y curiosidad innatas.

Hábitat Natural:

Los vervets se encuentran en su elemento en las sabanas y bosques de África, donde pueden encontrar alimento y refugio en abundancia. Estos simios son conocidos por su capacidad para adaptarse a una variedad de hábitats, desde selvas densas hasta zonas semiáridas.

Alimentación del Vervet:

A pesar de su pequeño tamaño, el vervet es un omnívoro oportunista que se alimenta de una amplia variedad de alimentos, incluyendo frutas, hojas, brotes, insectos y pequeños vertebrados. Su agilidad y destreza le permiten buscar alimento tanto en el dosel del bosque como en el suelo de la sabana.

Vida Social:

En cuanto a su vida social, los vervets son animales altamente sociales que viven en grupos jerárquicos liderados por un macho dominante. Estos grupos, conocidos como tropas, pueden incluir hasta 50 individuos y están organizados en complejas estructuras sociales basadas en la edad, el sexo y el parentesco.

Estado de Conservación:

Aunque los vervets no están actualmente en peligro de extinción, algunas poblaciones enfrentan amenazas significativas debido a la pérdida de hábitat, la caza furtiva y la persecución humana en áreas donde su presencia es más conflictiva. La conservación de estos juguetones monos verdes es crucial para mantener el equilibrio ecológico de las sabanas africanas y proteger su diversidad biológica.

5 Curiosidades Sorprendentes:

1. Comunicación Vocal: Los vervets son conocidos por su amplio repertorio de vocalizaciones, que utilizan para comunicarse entre sí y advertir de posibles peligros, como la presencia de depredadores.
2. Comportamiento Lúdico: Los vervets son animales muy juguetones que pasan gran parte del tiempo explorando su entorno, jugando entre ellos y practicando habilidades sociales y de supervivencia.
3. Imitación Cultural: Algunas poblaciones de vervets han

sido observadas imitando comportamientos específicos de otras tropas, lo que sugiere la existencia de una forma primitiva de cultura en estas comunidades de monos.

4. Herramientas Rudimentarias: Se ha documentado que los vervets utilizan herramientas rudimentarias, como palos y piedras, para obtener alimento y protegerse de depredadores.

5. Crianza Cooperativa: Todos los miembros de la tropa participan en el cuidado y la crianza de las crías de vervet, demostrando un alto grado de cooperación y solidaridad dentro del grupo.

EL PATO DEL NILO: LA BELLEZA ACUÁTICA DE LOS HUMEDALES AFRICANOS

Imagina una criatura cuya gracia en el agua y su colorido

plumaje adornan los ríos y humedales de África, cuya presencia evoca una sensación de serenidad y belleza en el paisaje. Eso, mis amigos, es el pato del Nilo. Este magnífico ave acuática ha conquistado muchos corazones con su elegancia y vitalidad, convirtiéndose en un símbolo de la vida en los humedales africanos.

Lo que lo Hace Único:

¿Qué hace que el pato del Nilo sea tan especial? En primer lugar, su distintivo plumaje de colores brillantes, que varía desde tonos de verde iridiscente en los machos hasta tonos más apagados en las hembras. Además, su habilidad para nadar y bucear con gracia en busca de alimento lo convierte en una figura destacada en los ecosistemas acuáticos de África.

Descripción del Pato del Nilo:

Miremos más de cerca a este bello pato de los humedales. El pato del Nilo tiene un cuerpo aerodinámico y compacto, con alas fuertes y patas palmadas adaptadas para nadar y bucear con facilidad. Su cabeza es redondeada, con un pico ancho y plano ideal para filtrar el agua en busca de alimento. Su plumaje varía según el sexo y la edad, pero en general exhibe una combinación de tonos marrones, verdes y blancos.

Hábitat Natural:

Los patos del Nilo se encuentran en su elemento en los ríos, lagos y humedales de África, donde pueden encontrar alimento y refugio en abundancia. Estas aves son conocidas por su capacidad para adaptarse a una variedad de hábitats acuáticos, desde cursos de agua tranquilos hasta áreas pantanosas y lagunas.

Alimentación del Pato del Nilo:

A pesar de su aspecto delicado, el pato del Nilo es un omnívoro oportunista que se alimenta de una variedad de alimentos, incluyendo plantas acuáticas, insectos, moluscos y pequeños peces. Su dieta variada y su habilidad para bucear en busca de alimento le permiten sobrevivir en una amplia gama de hábitats acuáticos.

Vida Social:

En cuanto a su vida social, los patos del Nilo suelen vivir en grupos pequeños o en parejas durante la temporada de reproducción. Sin embargo, durante otras épocas del año, pueden congregarse en grandes bandadas que migran en busca de nuevos hábitats y recursos.

Estado de Conservación:

Aunque los patos del Nilo no están actualmente en peligro de extinción, algunas poblaciones enfrentan amenazas significativas debido a la pérdida de hábitat, la contaminación de los cuerpos de agua y la caza furtiva en áreas donde su presencia es más vulnerable. La conservación de estos hermosos patos acuáticos es crucial para mantener el equilibrio ecológico de los humedales africanos y proteger su diversidad biológica.

5 Curiosidades Sorprendentes:

1. Migración Estacional: Algunas poblaciones de patos del Nilo son migratorias y viajan largas distancias durante la temporada de reproducción en busca de nuevos hábitats y recursos.
2. Cortejo Acuático: Durante la temporada de apareamiento, los machos de pato del Nilo realizan

elaborados rituales de cortejo que incluyen exhibiciones de plumaje y vocalizaciones para atraer a las hembras.

3. Incubación Cuidadosa: Después de la puesta de huevos, las hembras de pato del Nilo incuban los huevos durante aproximadamente un mes antes de que eclosionen los polluelos. Durante este período, la hembra se encarga de mantener los huevos calientes y protegidos.

4. Protección de los Jóvenes: Después de la eclosión, los patos del Nilo cuidan y protegen a sus crías, enseñándoles habilidades de supervivencia y guiándolos hacia fuentes seguras de alimento y refugio.

5. Papel Ecológico: Los patos del Nilo desempeñan un papel importante en los ecosistemas acuáticos al ayudar a controlar las poblaciones de insectos y algas, y al proporcionar alimento para una variedad de depredadores acuáticos, como peces y reptiles.

FIN DEL VIAJE

Con el sol poniente pintando el horizonte con tonos cálidos y dorados, llegamos al final de nuestro viaje por la sabana africana. Ha sido un viaje lleno de emociones, descubrimientos y asombros, donde hemos explorado los rincones más fascinantes de este increíble ecosistema y nos hemos maravillado con la diversidad de vida que lo habita.

Desde los majestuosos leones hasta los elegantes elefantes, desde las ágiles gacelas hasta las curiosas mangostas, cada animal que hemos conocido tiene su propia historia que contar, su propio papel vital en el delicado equilibrio de la naturaleza africana. A lo largo de estas páginas, hemos aprendido sobre su comportamiento, sus adaptaciones sorprendentes y su importancia en el ecosistema de la sabana.

Pero nuestro viaje no termina aquí. Aunque cerramos este libro, la sabana africana sigue viva, cambiante y llena de misterios por descubrir. Esperamos que las historias de estos 25 animales increíbles hayan despertado tu curiosidad, alimentado tu amor por la naturaleza y te hayan inspirado a seguir explorando y protegiendo el maravilloso mundo que nos rodea.

Que las lecciones aprendidas aquí te acompañen en tus futuras aventuras y que nunca pierdas el sentido de asombro y admiración por la belleza y la diversidad de la vida en la sabana africana y más allá.

¡Hasta la próxima aventura en la naturaleza, pequeños exploradores!

www.ingramcontent.com/pod-product-compliance
Lightning Source LLC
Chambersburg PA
CBHW050319230526
45471CB00005B/2252